Валентина Любименко

Механизм действия присадок к дизельным топливам

AF153254

Валентина Любименко

Механизм действия присадок к дизельным топливам

Компьютерное моделирование и квантово-химические расчеты

LAP LAMBERT Academic Publishing

Impressum / **Выходные данные**

Bibliografische Information der Deutschen Nationalbibliothek: Die Deutsche Nationalbibliothek verzeichnet diese Publikation in der Deutschen Nationalbibliografie; detaillierte bibliografische Daten sind im Internet über http://dnb.d-nb.de abrufbar.

Alle in diesem Buch genannten Marken und Produktnamen unterliegen warenzeichen-, marken- oder patentrechtlichem Schutz bzw. sind Warenzeichen oder eingetragene Warenzeichen der jeweiligen Inhaber. Die Wiedergabe von Marken, Produktnamen, Gebrauchsnamen, Handelsnamen, Warenbezeichnungen u.s.w. in diesem Werk berechtigt auch ohne besondere Kennzeichnung nicht zu der Annahme, dass solche Namen im Sinne der Warenzeichen- und Markenschutzgesetzgebung als frei zu betrachten wären und daher von jedermann benutzt werden dürften.

Библиографическая информация, изданная Немецкой Национальной Библиотекой. Немецкая Национальная Библиотека включает данную публикацию в Немецкий Книжный Каталог; с подробными библиографическими данными можно ознакомиться в Интернете по адресу http://dnb.d-nb.de.

Любые названия марок и брендов, упомянутые в этой книге, принадлежат торговой марке, бренду или запатентованы и являются брендами соответствующих правообладателей. Использование названий брендов, названий товаров, торговых марок, описаний товаров, общих имён, и т.д. даже без точного упоминания в этой работе не является основанием того, что данные названия можно считать незарегистрированными под каким-либо брендом и не защищены законом о брендах и их можно использовать всем без ограничений.

Coverbild / Изображение на обложке предоставлено: www.ingimage.com

Verlag / Издатель:
LAP LAMBERT Academic Publishing
ist ein Imprint der / является торговой маркой
OmniScriptum GmbH & Co. KG
Heinrich-Böcking-Str. 6-8, 66121 Saarbrücken, Deutschland / Германия
Email / электронная почта: info@lap-publishing.com

Herstellung: siehe letzte Seite /
Напечатано: см. последнюю страницу
ISBN: 978-3-659-67711-3

СОДЕРЖАНИЕ

ВВЕДЕНИЕ

Дизельные топлива (ДТ) представляют собой смеси углеводородов с температурами кипения 180-360 °C (160-380 °C), которые используются в качестве топлива для дизельных двигателей и газотурбинных установок. Получают ДТ атмосферной или вакуумной перегонкой нефти с последующей гидроочисткой и депарафинизацией. В некоторые сорта ДТ добавляют до 20% гидроочищенного газойля, получаемого каталитическим крекингом. В состав ДТ входят парафиновые и изопарафиновые, нафтеновые, ароматические и непредельные углеводороды.

Для улучшения характеристик ДТ в них вводят различные присадки, одни из которых представляют собой растворимые в углеводородах полимеры различной молекулярной массы, другие являются мономолекулярными соединениями. Как правило в молекулах присадок присутствуют кислород- или азотсодержащие полярные группы, благодаря которым молекулы присадок могут взаимодействовать между собой с образованием ассоциатов и межмолекулярных комплексов, а также развитые углеводородные части, обеспечивающие их хорошую растворимость за счет взаимодействия присадок с углеводородами топлива. Многие присадки, например, депрессорно-диспергирующие, представляют собой не индивидуальные химические соединения, а смеси соединений с различной молекулярной массой. При совместном присутствии присадки могут проявлять как синергизм, так и антагонизм в отношении эксплуатационных характеристик ДТ. Механизм этих явлений, как и многих других, до сих пор остается невыясненным. В основе депрессорно-диспергирующего действия присадок, явлений синергизма или антагонизма при совместном действии нескольких присадок лежат межмолекулярные взаимодействия компонентов ДТ.

Сложный углеводородный состав топлива и присутствие высоко- и низкомолекулярных соединений, содержащих различные полярные группы, делает невозможным экспериментальное изучение межмолекулярных взаимодействий компонентов ДТ и установление механизма их влияния на низкотемпературные свойства и другие свойства топлива.

Перспективным представляется изучение межмолекулярных взаимодействий компонентов ДТ в присутствии присадок и структуры образующихся комплексов полуэмпирическими квантовохимическими методами, одним из которых является метод PM6, входящий в пакет полуэмпирических квантовохимических программ MOPAC2009 [1-4].

1 МОДЕЛИРОВАНИЕ СТРУКТУРЫ И СВОЙСТВ МЕЖМОЛЕКУЛЯРНЫХ КОМПЛЕКСОВ КОМПОНЕНТОВ ДИЗЕЛЬНЫХ ТОПЛИВ В ПРИСУТСТВИИ ДЕПРЕССОРНО-ДИСПЕРГИРУЮЩИХ ПРИСАДОК

Весной 2014 г. в Москве прошла IV Международная конференция «Дизель 2014», на которой были представлены данные об объеме производства дизельного топлива (ДТ) в России, составившего более 72 млн т, при этом на экспорт ушло более половины - 43 млн т. Увеличение объема производства и экспорта ДТ сопровождается ростом требований к его качеству. Согласно Техническому регламенту Таможенного союза (ТС), ДТ экологического класса К-3 будет обращаться в ТС до конца нынешнего года, К-4 - до истечения 2015-го. С 2016 года в стране будет выпускаться ДТ исключительно с содержанием серы не более 10 миллиграммов на 1 килограмм солярки. Для сравнения: в К-3 серы 50 миллиграммов/кг [5] .

Регулирование качества ДТ осуществляют с помощью присадок, которые улучшают как эксплуатационные, так и экологические свойства топлив. В зависимости от назначения выделяют следующие виды присадок: депрессорные, диспергирующие, депрессорно-диспергирующие, моющие, антистатические, антидымные, антикоррозионные, антиокислительные, биоцидные и др. [6-10].

Одним из важных эксплуатационных показателей ДТ являются низкотемпературные свойства, определяющие функционирование системы питания дизельных двигателей и условия хранения топлива при отрицательных температурах окружающей среды. К основным низкотемпературным свойствам дизельных топлив относятся: температура помутнения – t_n, температура застывания – t_3 и предельная температура фильтруемости – $t_ф$.

Температура помутнения t_n – это температура, при которой из ДТ выпадают первые кристаллы парафина, увеличивающиеся в размерах при дальнейшем понижении температуры и оседающие на фильтрах, через которые проходит топливо для очистки от механических примесей.

Температура застывания t_3 – температура, при которой топливо теряет подвижность при малых усилиях сдвига [11]. При этой температуре дизельное топливо полностью теряет подвижность из-за образования кристаллической сетки, возникающей в результате срастании крупных кристаллов парафина при дальнейшем охлаждении топлива [11].

Предельная температура фильтруемости $t_ф$ характеризует минимальную температуру, при которой заданный объем топлива прокачивается через стандартный фильтр за определенный промежуток времени [11].

Для снижения температуры застывания и предельной температуры фильтруемости ДТ применяют депрессорные и депрессорно-диспергирующие присадки [6-11]. Депрессорно-диспергирующие присадки, представляют собой композиции депрессоров и диспергаторов парафинов. Первые обеспечивают прокачиваемость топлив при пониженных температурах, вторые – предотвращают их расслоение в процессе хранения при низких температурах [12].

Современные присадки к дизельным топливам (ДТ) являются композиционными и многофункциональными, то есть улучшающими качество ДТ одновременно по нескольким параметрам. Компоненты таких присадок могут проявлять синергизм или антагонизм при введении в ДТ: эффективность композиции соединений может превышать суммарную эффективность действия индивидуальных присадок или быть ниже ее значения [13, 14].

Одним из видов многофункциональных присадок к ДТ являются депрессорно-диспергирующие присадки. В качестве депрессорной составляющей таких присадок используют: а) сополимеры этилена (пропилена) с винилацетатом (ЭВА), б) сополимеры высших алкилметакрилатов (АМА) с акрилонитрилом или винилацетатом [14].

Депрессорно-диспергирующие присадки – это новый вид присадок к ДТ, который обеспечивает не только снижение температуры помутнения и температуры фильтрации ДТ, но и повышает седиментационную устойчивость топлив при низких температурах.

Диспергирующими составляющими присадок к ДТ могут служить соединения, являющиеся поверхностно-активными веществами (ПАВ), например такие, как алкилсукцинимиды, алкилмалеинимиды, алкиламины итаконовой кислоты [14].

В работе [14] методами электронной микроскопии было установлено, что макромолекулы депрессорной присадки в ДТ имеют палочкообразную форму, а в толуоле – глобулярную. Это говорит о том, что депрессорные присадки в наибольшей степени взаимодействуют с парафиновыми углеводородами дизельных топлив и могут образовывать с ними межмолекулярные комплексы.

Как известно из литературных данных [14], кристаллы парафинов, образующиеся при понижении температуры в присутствии депрессорных присадок, имеют значительно меньшие размеры по сравнению с кристаллами в отсутствие присадок, и палочкообразную форму, однако механизм действия депрессорных присадок детально не изучен. Также не изучен механизм действия диспергирующих присадок в присутствии депрессорных [13, 17].

Дизельные топлива с присадками представляют собой многокомпонентные растворы сложного химического состава, в которых возможно образование молекулярных ассоциатов и сложных молекулярных комплексов между соединениями различной природы, структуры и молекулярной массы. При температурах выше 30 °С ДТ – это истинный раствор, а с понижением температуры в них начинается кристаллизация парафинов и истинный раствор переходит в дисперсную систему. Все процессы, протекающие в ДТ: ассоциация молекул, образование комплексов, кристаллизация парафинов, снижение температуры начала кристаллизации парафинов введением депрессорных присадок, замедление роста кристаллов парафинов и последующего осаждения с помощью диспергирующих присадок обусловлено межмолекулярными взаимодействиями компонентов ДТ. Депрессорно-диспергирующие присадки фактически регулируют

9

межмолекулярные взаимодействия в ДТ, улучшая их эксплуатационные свойства при низких температурах.

Ассоциация молекул присадок и образование межмолекулярных комплексов в ДТ может происходить за счет дисперсионных сил, водородных связей и диполь-дипольного взаимодействия.

Непосредственное изучение межмолекулярных взаимодействий в ДТ экспериментальными методами представляет собой неразрешимую задачу, поэтому для изучения взаимодействий компонентов в ДТ и были привлечены методы компьютерной химии.

Методами компьютерного моделирования получена структура межмолекулярных комплексов, образующихся в ДТ в присутствии депрессорно-диспергирующих присадок [15, 16]. С помощью программного пакета для молекулярного моделирования химических систем ChemBio3D Ultra 11.0 (пакет ChemBioOffice 2008 Ultra компании CambridgeSoft Corp.) созданы трехмерные модели комплексов парафинов с депрессорной присадкой на основе сополимера этилена с винилацетатом (ЭВА) в присутствии диспергирующих присадок на основе алкилсукцинимида и алкиламина итаконовой кислоты.

В расчетах энергии взаимодействия молекул присадок в качестве моделей молекул диспергирующих присадок были выбраны N-додецилсукцинимид и ундециламин итаконовой кислоты. Моделью депрессорной присадки служил небольшой фрагмент сополимера этилена с винилацетатом, а моделью парафинового углеводорода – додекан ($C_{12}H_{26}$).

На рисунках 1 и 2 показаны трехмерные модели взаимодействующих молекул парафина и участка молекулы депрессора ЭВА, а также модели комплекса парафина с ЭВА и диспергирующими присадками. Как видно из рисунков 1 и 2, молекулы депрессора образуют комплекс с молекулой парафинового углеводорода, препятствуя образованию кристалла парафина, а молекулы диспергатора, взаимодействуют с полярными группами молекул депрессора. Такие комплексы, адсорбированные на поверхности мелких кристалликов парафина при понижении температуры способны замедлять образование и дальнейший рост кристаллов парафинов.

По результатам компьютерного моделирования (рисунки 1 и 2) молекула депрессорной присадки при понижении температуры ДТ и начале кристаллизации парафинов должна ориентироваться углеводородным радикалом к поверхности кристаллика парафинового углеводорода, а винилацетатными группами в объём дисперсионной среды (ДТ).

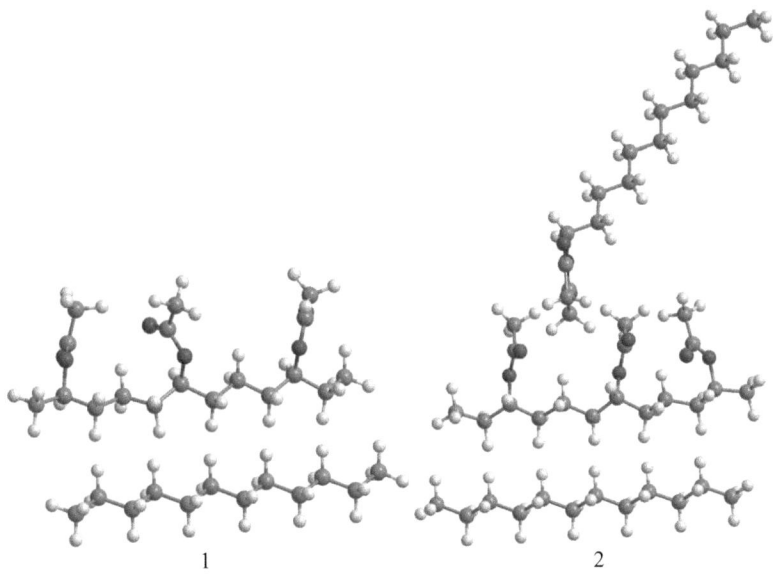

1   2

Рисунок 1 – Взаимодействие додекана с депрессорно-дисрергирующей присадкой: 1 – комплекс молекулы $C_{12}H_{26}$ с депрессором ЭВА; 2 – комплекс молекулы $C_{12}H_{26}$ с депрессором ЭВА и диспергатором (N-

Диспергирующая присадка в молекулярном комплексе ориентируется полярной функциональной группой к полярной части молекул депрессорной присадки. Такой адсорбционный комплекс на поверхности кристаллов создает структурно-механический барьер для их сближения и агрегирования.

По результатам моделирования межмолекулярных комплексов и расчетов энтальпий образования комплексов и входящих в них индивидуальных соединений рассчитаны энергии взаимодействия компонентов ДТ и депрессорно-диспергирующей присадки, которые приведены в таблице 1.

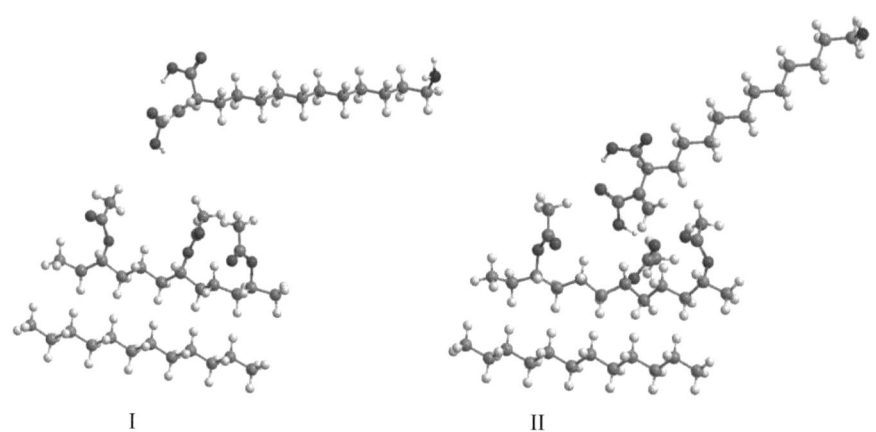

I   II

Рисунок 2 – Молекулярные комплексы $C_{12}H_{26}$ с компонентами депрессорно-диспергирующей присадки: I – исходная модель комплекса $C_{12}H_{26}$ и депрессорной присадки (ЭВА) в присутствии ундециламина итаконовой кислоты; II – равновесная структура комплекса $C_{12}H_{26}$ с компонентами депрессорно-диспергирующей присадки

Таблица 1 – Энтальпии образования индивидуальных соединений и комплексов парафиновых углеводородов с компонентами депрессорно-диспергирующих присадок

Индивидуальное соединение или молекулярный комплекс	$\Delta_f H^{\circ}_{298}$, кДж/моль	$E_{взаимод.}$, кДж/моль
ЭВА	-1414,78	-
$C_{12}H_{26}$	-276,353	-
N-додецилсукцинимид	-623,751	-
Ундециламин итаконовой к-ты	-871,276	-
ЭВА+ $C_{12}H_{26}$	-1727,87	-36,74
ЭВА+додецилсукцинимид	-2093,51	-54,98
ЭВА+ ундециламин итаконовой к-ты	-2357,68	-71,63

N-додецилсукцинимид + $C_{12}H_{26}$	-928,974	-28,87
N-додецилсукцинимид + $C_{12}H_{26}$+ЭВА	-2393,58	-78,70
Ундециламин итаконовой к-ты+ $C_{12}H_{26}$+ЭВА	-2647,64	-85,23
Димер N-додецилсукцинимида	-1271,98	-24,48
Димер ундециламина итаконовой к-ты	-1782,64	-40,08

Как видно из таблицы 1 энергия взаимодействия в комплексе алкилсукцинимида, $C_{12}H_{26}$ и ЭВА превышает энергию взаимодействия алкилсукцинимида с $C_{12}H_{26}$ и энергию взаимодействия ЭВА с $C_{12}H_{26}$ как в отдельности, так и их сумму, что может служить основанием для предсказания синергизма при совместном использовании присадок. Синергизм действия депрессорно-диспергирующей присадки на основе ЭВА и алкилсукцинимидов экспериментально установлен в работе [14].

На основании полученных результатов расчета энергии взаимодействия молекул в ассоциатах диспергирующих присадок и межмолекулярных комплексах компонентов в ДТ с депрессорно-диспергирующими присадками, можно сделать следующие выводы.

1. В дизельном топливе с депрессорно-диспергирующими присадками возможно образование молекулярных комплексов между его компонентами и ассоциатов молекул диспергирующих присадок, по своей структуре являющихся типичными представителями поверхностно-активных веществ, имеющих дифильное строение молекул.

2. Межмолекулярные комплексы могут образоваться за счет дисперсионных взаимодействий, характерных для углеводородов, диполь-дипольного взаимодействия полярных соединений, как например, алкиламины итаконовой кислоты и N-алкилсукцинимиды, а также за счет образования водородных связей (алкиламины итаконовой кислоты и N-алкилсукцинимиды).

3. Энергия взаимодействия молекул в комплексах и ассоциатах зависит от структуры входящих в них соединений и вида функциональных групп. Например, энергия взаимодействия молекул ундецилитаконовой кислоты в димере, по данным квантовохимических расчетов, составляет -40,08

кДж/моль, а в димере N-додецилсукцинимида -20,48 кДж/моль, т.е. почти в 2 раза меньше.

4. Полученная в результате компьютерного моделирования структура комплексов парафинов с фрагментами депрессорной присадки на основе сополимера этилена и винилацетата говорит о том, что при введении депресорно-диспергирующих присадок в ДТ в нем за счет межмолекулярных взаимодействий образуются комплексы парафинов с углеводородными участками молекул депрессорной присадки (сольваты). Поэтому действие депрессоров должно зависеть от длины углеводородных участков между полярными винилацетатными группами депрессора и длины углеводородной цепи молекул парафинов, присутствующих в ДТ. Это объясняет необходимость индивидуального подбора депрессорных присадок к ДТ, отличающихся углеводородным составом.

5. Те углеводородные фрагменты депрессоров, на которых за счет дисперсионных взаимодействий образовались комплексы с парафиновыми углеводородами, могут в дальнейшем при понижении температуры служить центрами кристаллизации парафинов.

6. Полученные результаты расчета структуры межмолекулярных комплексов компонентов ДТ и энергии межмолекулярных взаимодействий позволяют объяснить механизм действия депрессорно-диспергирующих присадок к ДТ. Механизм заключается в том, что в ДТ при положительных температурах между компонентами существуют межмолекулярные комплексы депрессора и парафинов, депрессора и диспергатора и др. (таблица 1), при понижении температуры начинается образование мелких кристалликов парафинов, появляющихся на центрах кристаллизации, которыми являются углеводородные фрагменты депрессора, сольватированные молекулами парафинов. Рост кристалликов парафинов замедляется, так как их поверхность покрыта адсорбированными на них комплексами депрессора и диспергатора,

создающих структурно-механический барьер, препятствующий коагуляции и последующему осаждению кристаллов парафинов.

7. Синергизм действия депрессорно-диспергирующих присадок может проявляться в тех случаях, когда полярные функциональные группы компонентов присадки способны образовывать комплексы за счет межмолекулярных взаимодействий, обусловленных дисперсионными силами притяжения, водородными связями или диполь-дипольным взаимодействием.

По данным таблицы 1 энергия взаимодействия фрагмента депрессора ЭВА с додецилсукцинимидом составляет -54,98, а с ундециламином итаконовой к-ты величина энергии взаимодействия равна -71,63 кДж/моль, что выше энергии взаимодействия ЭВА с $C_{12}H_{26}$ и энергии взаимодействия молекул диспергаторов в димерах. В первом случае преобладает диполь-дипольное взаимодействие, а во втором – диполь-дипольное взаимодействие сочетается с образованием водородных связей между молекулами алкиламина итаконовой кислоты.

8. Диспергирующие присадки, имеющие дифильное строение, например N-алкилсукцинимиды и N-алкилмалеинимиды, также могут образовывать в ДТ комплексы с ароматическими углеводородами, что было показано ранее на примере взаимодействия сукцинимида и малеинимида с бензолом [18, 19].

В заключение можно отметить эффективность проведения расчетов квантовохимическими методами компьютерной химии для изучения межмолекулярных взаимодействий компонентов дизельных топлив, содержащих присадки, и выявления механизма действия присадок на эксплуатационные характеристики топлив, а также для выяснения причин эффектов синергизма и антагонизма между присадками, проявляющихся в случае применения многофункциональных присадок.

2 ВЗАИМОДЕЙСТВИЕ ДЕПРЕССОРНЫХ ПРИСАДОК С ПАРАФИНОВЫМИ УГЛЕВОДОРОДАМИ В ДИЗЕЛЬНЫХ ТОПЛИВАХ

Развитие автомобильного транспорта и техники, работающей на дизельных двигателях, ведет к росту производства дизельного топлива, качество которого должно удовлетворять требованиям современных экологических стандартов. В качестве дизельного топлива обычно используются прямогонные нефтяные фракции с пределами выкипания 160-360°C.

Важными эксплуатационными характеристиками ДТ в условиях холодного климата являются его низкотемпературные свойства. К этим свойствам относятся температура помутнения [20], температура застывания [21] и предельная температура фильтруемости [22], которые определяют области применения и условия эксплуатации дизельного топлива. Низкотемпературные свойства ДТ определяют также условия его хранения на складе.

В состав дизельного топлива входят парафиновые углеводороды (н-алканы), которые при понижении температуры кристаллизуются, образуя пространственную структуру, что приводит к потере текучести топлива. Температура кристаллизации парафиновых углеводородов, как правило, повышается по мере увеличения их молекулярной массы и температуры кипения. Наиболее высокая температура кристаллизации наблюдается у углеводородов с симметричным линейным строением молекул (таблица 2).

Таблица 2 – Температуры кипения и кристаллизации нормальных парафиновых углеводородов, входящих в состав ДТ

Парафиновый углеводород	$T_{кип}$, °C	$T_{крист}$, °C	Парафиновый углеводород	$T_{кип}$, °C	$T_{крист}$, °C
Декан ($C_{10}H_{22}$)	174,1	−30,0	Гексадекан ($C_{16}H_{34}$)	287,1	18,1
Ундекан ($C_{11}H_{24}$)	195,9	−25,6	Гептадекан ($C_{17}H_{36}$)	302,6	22,0
Додекан ($C_{12}H_{26}$)	216,3	−9,7	Октадекан ($C_{18}H_{38}$)	317,4	28,0
Тридекан ($C_{13}H_{28}$)	235,5	−6,0	Нонадекан ($C_{19}H_{40}$)	331,6	32,0
Тетрадекан ($C_{14}H_{30}$)	253,6	5,5	Эйкозан ($C_{20}H_{42}$)	345,1	36,4
Пентадекан ($C_{15}H_{32}$)	270,7	10,0	Генэйкозан ($C_{21}H_{44}$)	356,0	40,4

Формирование пространственной структуры или просто выпадение в осадок отдельных компонентов при охлаждении ДТ крайне нежелательно. Это явление создает серьезные трудности при эксплуатации топлива в условиях низких температур, вызывая образование пробок в топливопроводах, забивание фильтров и отказ в работе двигателя.

Чтобы выдержать требуемую температуру застывания топлива, обычно стремятся либо готовить дизельное топливо из нефтей с низким содержанием парафиновых углеводородов, дающих дистилляты с достаточно низкими температурами застывания, либо понижают конец кипения ДТ, чтобы уменьшить содержание концевых фракций с наиболее высокими температурами застывания. Однако такие пути снижения температуры застывания ДТ значительно уменьшают ресурсы топлива.

Другой путь снижения температуры застывания ДТ заключается в применении депрессорных присадок на основе полимеров [23-28].

В качестве депрессорных присадок применяются сополимеры этилена с винилацетатом, широкое распространение, особенно, за рубежом, получили полимеры высших метакрилатов. Эффективность товарных полиметакрилатов в качестве депрессорных присадок обусловлена строением молекул этих присадок: длиной и степенью разветвленности углеводородной цепи, природой и расположением алкильных заместителей [23-27].

В патентной литературе приводятся несколько классов разветвленных полимерных соединений, которые предложены в качестве депрессорных присадок [25-27]:

а) фумараты, получаемые алкилированием олефинов малеиновым ангидридом с последующей этерификацией спиртом;

б) мостиковые алкилароматические соединения (нафталины), полученные на основе алкилирования функциональных групп –AR–CH$_2$–AR– олефинами и/или спиртами;

в) акрилаты, полученные алкилированием акриловой кислоты олефинами и, возможно, спиртами;

г) ацетаты, полученные реакцией полимерных олефинов и уксусной кислоты.

Примеры депрессантов на основе акрилатов приведены в патенте США № 6172015 [28], где описываются сополимеры, содержащие полярные мономеры, включающие, по крайней мере, одно α,β-ненасыщенное карбонильное соединение, такое как алкилакрилат, и один или большее число олефинов, включая этилен и C_3-C_{20} α-олефины, например, пропилен и 1-бутен. Сополимеры имеют (а) среднюю длину последовательности этилена в цепи от примерно 1,0 до менее чем около 3,0; (б) в среднем, по крайней мере, 5 разветвлений на 100 атомов углерода цепи сополимера; (с) по меньшей мере, около 50 % из ответвлений, являются метильными и/или этильными группами; (г) по существу, все полярные мономеры расположены в конце разветвлений; (е) по меньшей мере, около 30 процентов из сополимерных цепей заканчиваются виниловой или виниленовой группой; (е) сополимер со среднечисловым молекулярным весом, M_n, от ~ 300 до ~ 15000 используется в качестве депрессанта, а с молекулярным весом до ~ 500000, предназначен для использования в качестве модификатора вязкости; и (г) хорошо растворим в углеводородах и/или синтетическом базовом масле.

В литературе, посвященной депрессорным присадкам, отмечается, что молекулы эффективной присадки для каждого конкретного ДТ должны включать углеводородные фрагменты, сходные со структурой парафиновых углеводородов и близкие к длине цепи высококипящих парафинов, содержащихся в ДТ [25, 27]. Определенная длина углеводородной цепи присадки между разветвлениями необходима для эффективного участия ее молекул в процессах сольватации парафиновыми углеводородами, и, следовательно, в снижении температуры застывания топлива. При небольших изменениях распределения парафинов по молекулярной массе (длине углеводородной цепи) в ДТ эффективность присадки может изменяться, поэтому для каждого конкретного ДТ необходимо подбирать ее дозировку.

Несмотря на широкое использование депрессорных присадок к ДТ, однозначное обоснование механизма их действия до настоящего времени отсутствует, поэтому подбор депрессорных присадок к топливу осуществляется эмпирическим путем. В литературе рассматриваются как поверхностный, так и объемный механизм их действия, подробно описанные в книге Тертеряна Р.А. [27].

Взаимодействия депрессора с парафинами в дизельном топливе зависят от следующих условий:

- состава топлива: одна и та же депрессорная присадка обычно работает неодинаково хорошо во всех видах топлива. Эффективность присадок, используемых в обычных дизельных топливах, снижается в случае их применения в топливах с более узким фракционным составом;

- температуры введения депрессора в топливо: для эффективного действия присадки смешивают с топливом до формирования кристаллов парафина, т.е. при температурах топлива превышающих температуру его помутнения [14, 27].

Очевидно, что решающую роль в кристаллизации *н*-алканов в присутствии депрессоров при понижении температуры дизельного топлива играют межмолекулярные взаимодействия как между молекулами *н*-алканов, так и *н*-алканов с молекулами депрессора. С целью выявления механизма действия присадок в данной работе были рассчитаны энергии межмолекулярных взаимодействий депрессора с высшими *н*-алканами ДТ и энергии взаимодействия между молекулами *н*-алканов. Расчеты выполнены полуэмпирическим квантовохимическим методом РМ6, входящим в пакет MOPAC2009 [29].

Энергию взаимодействия ($E_{взаимод}$) высших *н*-алканов дизельных топлив с депрессором и *н*-алканов между собой проводили по уравнению

$$E_{взаимод} = \Delta_f H^{\circ}_{298, компл} - \sum_i \Delta_f H^{\circ}_{298, i}, \qquad (1.1)$$

где $\Delta_f H^\circ_{298,\text{компл}}$ – энтальпия образования бимолекулярного комплекса из молекул депрессора и *н*-алкана или из молекул *н*-алкана; $\Delta_f H^\circ_{298,i}$ – энтальпия образования *i*-го компонента бимолекулярного комплекса.

Значения энтальпий образования н-алканов C_{16}-C_{21}, рассчитанные полуэмпирическим квантовохимическим методом PM6, как следует из таблицы 2, отличаются от литературных данных на постоянную величину около 3 ккал/моль, что говорит о хорошей точности используемого расчетного метода.

Таблица 2 – Энтальпии образования *н*-алканов C_{16}-C_{21}, рассчитанные методом PM6, в сравнении с литературными данными (единицы измерения ккал/моль использованы для удобства сравнения с литературными значениями)

н-Алкан	$\Delta_f H^\circ_{298}$, ккал/моль (PM6)	$\Delta_f H^\circ_{298}$, ккал/моль Лит. [12]	$\Delta_f H^\circ_{298}$, кДж/моль (PM6)	н-Алкан	$\Delta_f H^\circ_{298}$, ккал/моль (PM6)	$\Delta_f H^\circ_{298}$, ккал/моль Лит.[12]	$\Delta_f H^\circ_{298}$, кДж/моль (PM6)
$C_{16}H_{34}$	-86,07	-89,23	-360,12	$C_{19}H_{40}$	-101,08	-104,00	-422,92
$C_{17}H_{36}$	-91,07	-94,15	-381,04	$C_{20}H_{42}$	-106,08	-108,93	-443,84
$C_{18}H_{38}$	-96,07	-99,08	-401,96	$C_{21}H_{44}$	-111,08	–	-464,76

В расчетах энергии взаимодействия высших н-алканов с молекулами депрессора был использован фрагмент молекулы присадки на основе сополимера метилакрилата с α-олефинами с молярной массой 454,74 и структурой, приведенной на рисунке 3. Энтальпия образования этого фрагмента по данным расчета методом PM6 равна −1169,06 кДж/моль.

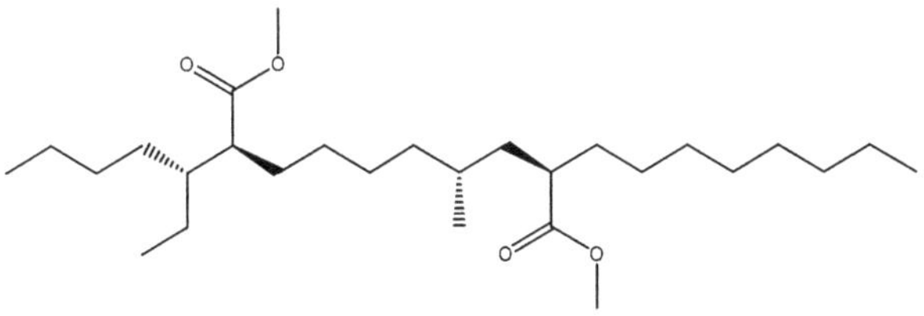

Рисунок 3 – Структура фрагмента депрессорной присадки, использованного для расчета энергии взаимодействия с высшими *н*-алканами

Трехмерная модель комплекса фрагмента присадки и углеводорода $C_{21}H_{44}$ показана на рисунке 4. Метиленовая цепь фрагмента молекулы депрессора, как видно из рисунка 4 немного изогнута вследствие влияния боковых заместителей, а молекула *н*-алкана располагается в комплексе вдоль цепочки из CH_2-групп молекулы депрессора таким образом, что ее метиленовая цепь также изогнута и параллельна метиленовой цепи депрессора.

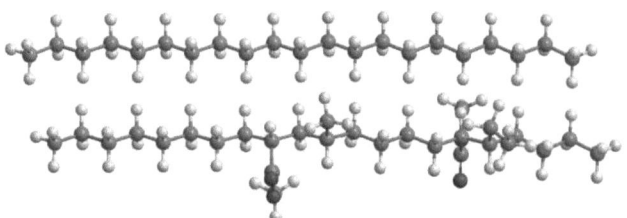

Рисунок 4 – Бимолекулярный комплекс фрагмента молекулы депрессора с углеводородом $C_{21}H_{44}$: ● - O, ● - C, ● - H: расстояние между молекулой н-алкана и фрагментом депрессора около 0,15 нм

Энтальпии образования бимолекулярных комплексов фрагмента депрессора с молекулами *н*-алканов и энергии межмолекулярного взаимодействия компонентов этих комплексов приведены в таблице 3.

Таблица 3 – Значения энтальпий образования бимолекулярных комплексов депрессора с *н*-алканами C_{16}-C_{21} и энергии взаимодействия молекул в комплексах

н-Алкан	$\Delta_f H^o_{298,компл}$, кДж/моль (РМ6)	$E_{взаимод}$, кДж/моль	н-Алкан	$\Delta_f H^o_{298,компл}$, кДж/моль (РМ6)	$E_{взаимод}$, кДж/моль
$C_{16}H_{34}$	-1568,69	-39,53	$C_{19}H_{40}$	-1639,94	-47,97
$C_{17}H_{36}$	-1593,62	-43,52	$C_{20}H_{42}$	-1661,24	-48,34
$C_{18}H_{38}$	-1615,18	-44,15	$C_{22}H_{44}$	-1682,53	-48,71

Энергия взаимодействия *н*-алканов с депрессором растет с удлинением цепи углеводорода (таблица 3), причем наибольшее возрастание энергии взаимодействия происходит при переходе от четного *н*-алкана к нечетному, что связано, по-видимому, с изменением симметрии молекул [24].

По данным таблицы 3 энергия взаимодействия *н*-алканов с депрессором значительно выше энергии теплового движения молекул при 25°C, равной 2,5 кДж/моль [31], следовательно комплексы молекул *н*-алканов и депрессора образуются при температуре введения присадки в дизельное топливо. Об этом свидетельствует и тот факт, что обычно производители рекомендуют вводить депрессоры при температуре выше температуры помутнения топлива, но при этом отмечают, что наивысшая эффективность присадки достигается при ее введении в ДТ, в котором парафины находятся в полностью растворенном состоянии, т.е. при температурах выше 30°C.

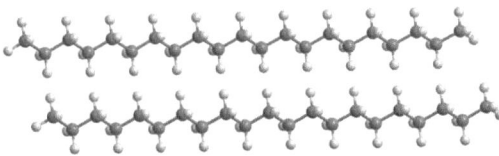

Рисунок 5 – Бимолекулярный комплекс из молекул *н*-C$_{21}$H$_{44}$: расстояние между молекулами 0,15 нм

Для сравнения энергии взаимодействия молекул депрессора с высшими *н*-алканами были проведены расчеты энергии взаимодействия между молекулами *н*-алканов по формуле (1). Пример модели бимолекулярного комплекса *н*-алкана приведен для C$_{21}$H$_{44}$ на рисунке 5, полученные значения энергии взаимодействия молекул *н*-алканов даны в таблице 4.

Таблица 4 – Энергия межмолекулярного взаимодействия *н*-алканов C$_{16}$–C$_{21}$

Состав бимолекулярного комплекса	$\Delta_f H^{\circ}_{298(компл)}$, кДж/моль	$E_{взаимод}$, кДж/моль
C$_{16}$H$_{34}$	-756,62	-36,41
C$_{17}$H$_{36}$	-799,24	-37,16
C$_{18}$H$_{38}$	-845,03	-41,08
C$_{19}$H$_{40}$	-887,65	-41,84
C$_{20}$H$_{42}$	-933,44	-45,76
C$_{21}$H$_{44}$	-976,06	-46,52

Сравнение энергий взаимодействия *н*-алканов с депрессором и в бимолекулярных комплексах (таблицы 3 и 4) показывает, что энергия взаимодействия *н*-алканов с молекулами депрессора выше, чем *н*-алканов C_{16}-C_{21} между собой. Это говорит о том, что при растворении депрессорной присадки в ДТ происходит взаимодействие высших *н*-алканов с молекулами депрессора с образованием комплексов, устойчивых при положительных температурах топлива, значительно превышающих температуру его помутнения. С понижением температуры топлива такие комплексы могут служить, как отмечалось ранее, центрами кристаллизации высших парафинов [1].

В молекулярной структуре депрессорных присадок чаще всего присутствуют полярные группы и углеводородные боковые заместители (разветвления), которые препятствуют срастанию кристаллов парафинов. Боковые алкильные группы с соответствующей длиной углеродной цепи видимо также могут образовывать комплексы с *н*-алканами и являться центрами кристаллизации парафинов. Изменение формы кристаллов парафинов, выделяющихся из ДТ в присутствии депрессоров [27, с. 131] при понижении температуры, также может быть обусловлено некоторыми отклонениями формы углеводородной цепи молекул *н*-алканов в комплексах с депрессором от линейной структуры.

В литературе отмечается также уменьшение размеров кристаллов *н*-алканов в присутствии депрессоров, что можно объяснить увеличением числа центров кристаллизации за счет образования комплексов *н*-алканов с отдельными участками депрессора [27, с.131] .

Тот факт, что «депрессорные присадки эффективны до определенных пределов содержания *н*-алканов в нефтепродуктах» [27, с. 147], может быть объяснен с точки зрения образования комплексов *н*-алканов и депрессоров, являющихся центрами кристаллизации парафинов. При большом содержании высших *н*-алканов в ДТ их кристаллизация в условиях недостаточного числа центров кристаллизации на поверхности молекул депрессоров происходит преимущественно в объеме топлива с образованием тонких пластинчатых кристаллов большой площади, склонных к формированию пространственной структуры в топливе при более высоких температурах по сравнению с мелкими кристаллами.

По результатам проведенных расчетов энергии взаимодействия *н*-алканов с молекулами депрессоров показано, что центрами кристаллизации *н*-алканов в ДТ в присутствии депрессорных присадок являются комплексы молекул высших *н*-алканов с фрагментами полимолекулярной цепи депрессора. Наличие большого числа таких центров ведет к уменьшению размеров и изменению формы кристаллов *н*-алканов, выделяющихся при понижении температуры топлива.

Полученные результаты расчетов энергии взаимодействия фрагмента депрессорной присадки с молекулами *н*-алканов говорят о применимости методов молекулярного моделирования и квантовохимических расчетов для изучения на молекулярном уровне явлений, происходящих в топливах при введении в них присадок, и выявления механизма этих явлений.

3 ВЗАИМОДЕЙСТВИЕ ИНИЦИАТОРА ГОРЕНИЯ С КОМПОНЕНТАМИ ДИЗЕЛЬНЫХ ТОПЛИВ

Цетановое число является одним из основных параметров, характеризующих эксплуатационные свойства дизельных топлив (ДТ). Этот параметр отражает способность топливо-воздушных смесей (ТВС) к термическому самовоспламенению при их сжатии в цилиндре дизельного двигателя до температуры и давления, соответствующих третьему пределу взрыва (тепловой взрыв). Величина цетанового числа ДТ связана сложной функциональной зависимостью с содержанием в них ароматических (АрУВ) и нормальных парафиновых углеводородов (*н*-алканов) [12, 32, 33], а также цетаноповышающих присадок. Эти два класса УВ (*н*-алканы и АрУВ) выступают в роли антагонистов изменения ЦЧ.

Для повышения цетанового числа ДТ применяют присадки – инициаторы воспламенения ТВС: гидропероксиды алкилов и алкилнитраты, которые оказывают влияние на состояние АрУВ в ДТ [12, 33]. Образование гидропероксидов в ДТ может происходить при хранении в подземных хранилищах [34]. Гидропероксиды при термическом воздействии легко распадаются на радикалы, которые участвуют в возбуждении молекул АрУВ и *н*-алканов, повышая скорость их взаимодействия с кислородом.

За рубежом в качестве инициатора воспламенения топливо-воздушных смесей (ДТ+воздух) широко применяется 2-этилгексилнитрат (2-ЭГН) CH_3-CH_2-CH_2-CH_2-$CH(C_2H_5)$-CH_2-NO_2. На территории России как инициатор воспламенения использовался изопропилнитрат, позднее был разработан циклогексилнитрат и выпущены его опытные партии. В настоящее время в Российской Федерации осваивается производство 2-ЭГН [12, 14].

В работах Данилова А.М. [12, 33] приведены экспериментальные данные по изменению ЦЧ ДТ в присутствии 2-ЭГН. Закономерности, описывающие прирост цетанового числа (ΔЦЧ) ДТ с разной величиной начального ЦЧ при увеличении концентрации 2-ЭГН, представлены на рисунке 6 [12, 33].

Из рисунка 6 следует, что эффективность 2-ЭГН растет с повышением

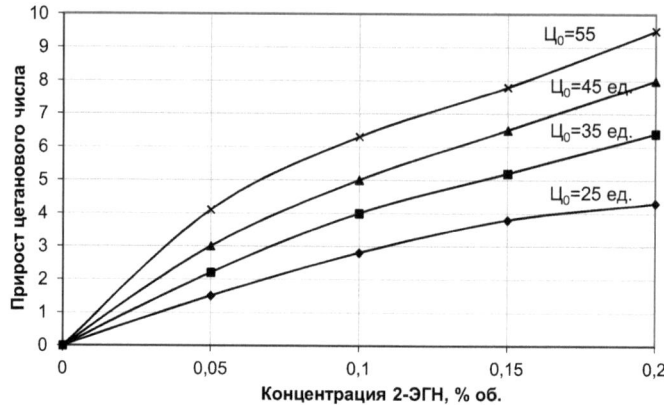

Рисунок 6 – Прирост цетанового числа ДТ с ростом концентрации 2-ЭГН при различных значениях начального цетанового числа (Ц₀) исходных топлив

цетанового числа исходного дизельного топлива, т.е. со снижением в ДТ содержания АрУВ и повышением содержания в нем *н*-алканов. Прирост цетанового числа при добавлении присадки зависит от цетанового числа исходного топлива, концентрации 2-ЭГН и изменяется по сложным кривым параболического вида.

Кривые, приведенные на рисунке 6, можно описать дифференциальным уравнением, включающим функцию прироста цетанового числа и концентрацию присадки:

$$\frac{d\Delta\text{Ц}}{dC_{\text{пр.}}} = f\left(\Delta\text{Ц}, C_{\text{пр.}}\right), \qquad (3.1)$$

где $\Delta\text{Ц}$ – прирост цетанового числа, $C_{\text{пр.}}$ – концентрация присадки.

Функция f в правой части уравнения (3.1) может быть представлена в виде линейной зависимости:

$$f\left(\Delta\text{Ц}, C_{\text{пр.}}\right) = k_1^* \cdot C_{\text{пр.}} + k_2, \qquad (3.2)$$

где k_1^* и k_2 – коэффициенты, зависящие от цетанового числа и природы исходного ДТ.

Подставив уравнение (3.2) в уравнение (3.1), проведя разделение переменных и проинтегрировав полученное выражение в интервале от 0 до ΔЦ и от 0 до $C_{пр.}$, получим следующее выражение:

$$\Delta Ц = \frac{k_1^*}{2} \cdot C_{пр.}^2 + k_2 \cdot C_{пр.} = k_1 \cdot C_{пр.}^2 + k_2 \cdot C_{пр.}, \tag{3.3}$$

где $k_1 = \frac{1}{2} k_1^*$.

Уравнением (3.3) можно описать поведение каждой кривой на рисунке 6.

По данным рисунка 6 с использованием уравнения (3.3) были рассчитаны численные значения величин k_1 и k_2 для цетановых чисел исходного ДТ, равных 25, 35, 45, 55. Результаты расчета значений k_1 и k_2 приведены в таблице 5.

Таблица 5 – Численные значения коэффициентов k_1 и k_2 для различных цетановых чисел исходного ДТ

Цетановое число ДТ без присадки	k_1, (об. %)$^{-2}$	k_2, (об. %)$^{-1}$
25	-63,871	34,445
35	-76,129	46,955
45	-106,450	60,742
55	-170,970	80,560

Для проверки адекватности уравнения (3.3) экспериментальным данным, приведенным на рисунке 6, нами выполнены расчеты ΔЦ для различных исходных цетановых чисел ДТ. Результаты расчетов приведены в таблице 6.

Таблица 6 – Результаты расчета ΔЦ для различных цетановых чисел (Ц$_0$) исходных ДТ и их сравнение с экспериментальными данными

$C_{пр.}$, об. %	Ц$_0$=25		Ц$_0$=35		Ц$_0$=45		Ц$_0$=55	
	ΔЦ зксп.	ΔЦ расч.	ΔЦ зксп.	ΔЦ расч.	ΔЦ зксп.	ΔЦ расч.	ΔЦ зксп.	ΔЦ расч.
0,00	0,0	0,0	0,0	0,0	0,0	0,0	0,0	0,0
0,05	1,5	1,6	2,2	2,2	3,0	2,8	4,1	3,6
0,10	2,8	2,8	4,0	3,9	5,0	5,0	6,3	6,3
0,15	3,8	3,7	5,2	5,3	6,5	6,7	7,8	8,2
0,20	4,3	4,3	6,4	6,3	8,0	7,9	9,5	9,3

Из данных таблицы 6 следует, что уравнение (3.3) адекватно описывает экспериментальные данные, представленные на рисунке 6. Отклонение расчетных данных от экспериментальных лежит в интервале от 0,1 до 0,5 единиц. Причем для значений Ц$_0$, равных 25, 35 и 45, это отклонение не превышает 0,2 единицы. Наибольшее отклонение расчетных значений ΔЦ от опытных, равное 0,5 единиц, получено для Ц$_0$=55. Следовательно, это уравнение позволяет получить численные значения ЦЧ с такой же точностью, как и на стендовой установке.

Данные таблицы 5 позволяют отметить, что константы k_1 и k_2 отражают зависимость ΔЦ от цетанового числа исходного ДТ, т.е. в их значениях заложено влияние качества исходного топлива на ΔЦ в присутствии присадки. Зависимость k_1 от цетанового числа исходного ДТ приведена на рисунке 7.

Как следует из рисунка 7, зависимость k_1 от цетанового числа исходного ДТ в диапазоне от 25 до 55

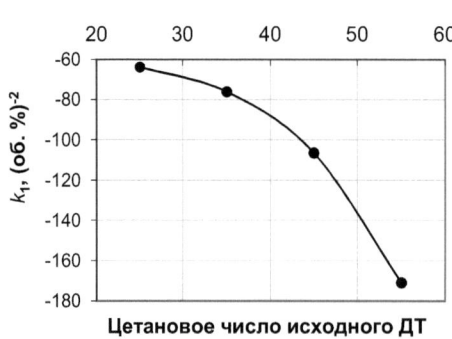

Рисунок 7 – Зависимость величины k_1 от цетанового числа исходного ДТ

30

единиц является нелинейной. Методом наименьших квадратов установлено, что уравнение этой зависимости имеет вид:

$$k_1 = -0,1307 \cdot Ц_0^2 + 6,9362 \cdot Ц_0 - 156,42 \quad (\text{достоверность } R^2 = 0,9981), \quad (3.4)$$

где $Ц_0$ – цетановое число исходного ДТ.

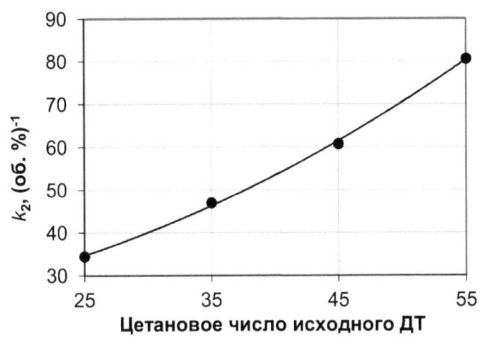

Рисунок 8 – Зависимость коэффициента k_2 от цетанового числа исходного ДТ

На рисунке 8 приведена зависимость коэффициента k_2 от $Ц_0$. Из рисунка 8 видно, что эта зависимость нелинейна, а расчеты показали, что зависимость k_2 от $Ц_0$ описывается уравнением второго порядка:

$$k_2 = 0,0183 \cdot Ц_0^2 + 0,0597 \cdot Ц_0 + 21,7710 \quad (\text{достоверность } R^2 = 0,9990). \quad (3.5)$$

Подставив выражения для k_1 и k_2 из уравнений (3.4) и (3.5) в уравнение (3.3), получим математическую модель, которая описывает зависимость прироста цетанового числа ДТ при введении присадки (ЭГН) от цетанового числа исходного ДТ и концентрации ЭГН:

$$\Delta Ц = \left(-0,1307 \cdot Ц_0^2 + 6,9362 \cdot Ц_0 - 156,42\right) \cdot С_{пр.}^2 + \left(0,0183 \cdot Ц_0^2 + 0,0597 \cdot Ц_0 + 21,7710\right) \cdot С_{пр.}$$

$$(3.6)$$

При известном значении цетанового числа $Ц_0$ исходного ДТ и определенной концентрации цетаноповышающей присадки $С_{пр.}$ цетановое число ДТ с присадкой может быть рассчитано по формуле

$$Ц = Ц_0 + \Delta Ц. \quad (3.7)$$

Из формы экспериментальных кривых зависимости $\Delta Ц$ от $С_{пр.}$ (рисунок 6) и их аналитического описания следует достаточно сложный механизм влияния присадки 2-ЭГН на $\Delta Ц$. Для объяснения механизма действия присадки и ее

31

поведения в ДТ проведены расчеты полуэмпирическим квантовохимическим методом PM6, входящим в пакет программ MOPAC2007, свойств 2-ЭГН и путей его взаимодействия с молекулами *н*-алканов и АрУВ.

Механизм действия 2-ЭГН на УВ ДТ может быть представлен следующими основными стадиями.

1. Возбуждение молекул 2-ЭГН. При возбуждении молекулы 2-ЭГН в триплетное состояние легко происходит увеличение длины связи O–NO$_2$, как показано на рисунке 9 и ее разрыв.

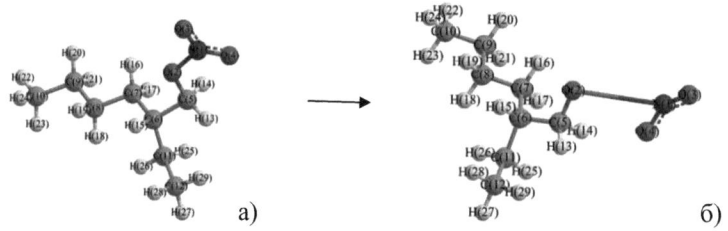

а)   б)

Рисунок 9 – Изменение структуры молекулы 2-ЭГН при возбуждении в триплетное состояние (расчет методом PM6, пакет MOPAC2007): а) исходная молекула ЭГН; б) молекула 2-ЭГН в возбужденном состоянии

Согласно проведенным квантовохимическим расчетам, при разрыве связи O–NO$_2$ в молекуле 2-ЭГН образуются реакционноспособные радикалы NO$_2{}^{\bullet}$ и CH$_3$(CH$_2$)$_3$CH(C$_2$H$_5$)-CH$_2$O$^{\bullet}$. Образование радикалов подтверждено расчетами распределения спиновой плотности в продуктах распада молекулы 2-ЭГН, приведенными в таблице 7. Суммарная плотность спина частицы NO$_2{}^{\bullet}$ равна 1, что говорит о наличии у нее свободного электрона. Свободный электрон в NO$_2{}^{\bullet}$ делокализован между атомом азота и атомами кислорода почти в равной степени, однако, плотность спина на атоме азота немного выше, чем на атомах кислорода. Это впервые теоретически подтверждает, что радикал NO$_2{}^{\bullet}$ высокоактивен в реакциях окисления УВ, что было экспериментально установлено в работе [35].

32

Радикал $CH_3(CH_2)_3CH(C_2H_5)$-$CH_2O^{\bullet}$ также обладает высокой реакционной способностью, благодаря наличию неспаренного электрона, локализованного в основном на атоме кислорода, о чем говорит плотность спина на этом атоме, равная 0,691 (таблица 7). Свободный электрон частично делокализован на атомах группы CH_2, связанной с атомом кислорода (суммарная плотность спина равна 0,293).

Таблица 7 – Распределение плотности спина в молекуле 2-ЭГН при возбуждении. Нумерация атомов в молекуле 2-ЭГН показана на его структурной формуле (13 и 14 атомы водорода связаны с атомом С под номером 5)

Атом	Плотность спина
1 N	0,3954
2 O	0,6815
3 O	0,3063
4 O	0,3002
5 C	0,1050
13 H	0,0898
14 H	0,1050

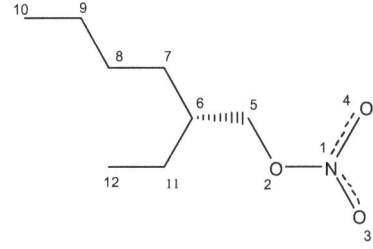

Изменение энтальпии при возбуждении молекул 2-ЭГН рассчитанное по закону Гесса, составляет 134,11 *кДж/моль* или 30,05 *ккал/моль* (для 2-ЭГН в основном состоянии $\Delta_f H_{298}^o$ = −308,51 *кДж/моль*, в возбужденном $\Delta_f H_{298}^o$ = −174,25 *кДж/моль*).

Полученное значение близко приведенной в литературе ориентировочной энергии разрыва связи O-N в алкилнитратах – 150 *кДж/моль* (35,89 *ккал/моль*) [35].

Образовавшиеся в результате возбуждения молекулы 2-ЭГН радикалы могут вступать в реакции с УВ ДТ.

2. На следующей стадии после распада молекулы 2-ЭГН возможно взаимодействие радикала $CH_3(CH_2)_3CH(C_2H_5)$-$CH_2O^{\bullet}$ с АрУВ. Нами проведены расчеты взаимодействия этого радикала с толуолом и α-метилнафталином.

33

Трехмерная модель исходных веществ до реакции и продуктов реакции с толуолом показана на рисунке 10.

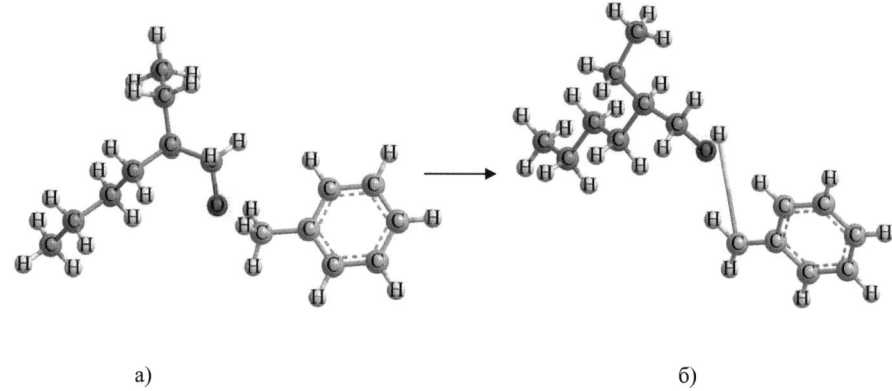

а)   б)

Рисунок 10 – Трехмерная модель взаимодействующих радикала $CH_3(CH_2)_3CH(C_2H_5)\text{-}CH_2O^\bullet$ и толуола: а) исходные вещества; б) продукты реакции

Взаимодействие радикала $CH_3(CH_2)_3CH(C_2H_5)\text{-}CH_2O^\bullet$ с толуолом приводит, по данным расчета (рисунок 10), к образованию 2-этилгексилового спирта, за счет отщепления атома водорода от метильной группы толуола. При этом молекула толуола превращается в относительно стабильный радикал $C_6H_5CH_2^\bullet$. На рисунке 11 приведена структурная формула бензильного радикала, распределение плотности спина в радикале представлено в таблице 8.

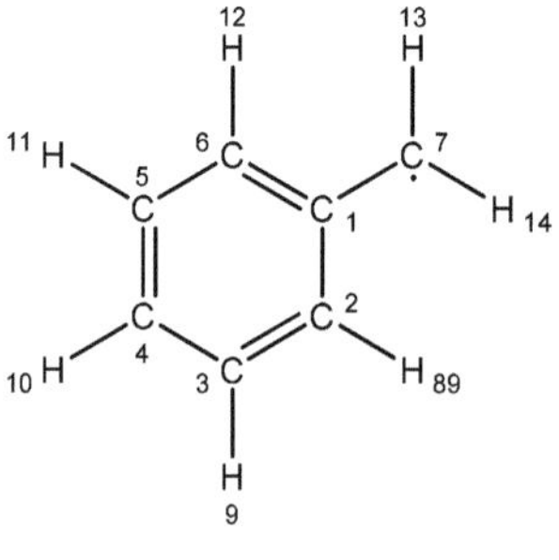

Рисунок 11 - Структурная формула бензильного радикала

Таблица 8 – Распределение плотности спина в бензильном радикале (расчет методом РМ6, пакет МОРАС2007)

Атом	Плотность спина	Атом	Плотность спина
C(1)	-0,4268	H(8)	-0,0170
C(2)	0,4924	H(9)	0,0138
C(3)	-0,3975	H(10)	-0,0165
C(4)	0,4806	H(11)	0,0138
C(5)	-0,3975	H(12)	-0,0170
C(6)	0,4926	H(13)	-0,0276
C(7)	0,8343	H(14)	-0,0276

По данным таблицы 8 видно, что свободный электрон в бензильном радикале в основном локализован на атоме C(7) метиленовой группы (плотность спина 0,8343), хотя и наблюдается частичная делокализация на атомах углерода C(2), C(4) и C(6) бензольного кольца (спиновая плотность на атомах C(2), C(4) и C(6) равна, соответственно: 0,4924; 0,4926 и 0,4806). По литературным данным плотность спина на атоме C(7), по разным источникам составляет 0,6-0,7 [35–37].

Высокая плотность спина на атоме C(7) метиленовой группы бензильного радикала говорит о его реакционной способности. По литературным данным этот радикал легко вступает в реакции с кислородом с образованием пероксидного радикала [35–37] и участвует в продолжении цепных реакций при окислении ДТ.

Тепловой эффект реакции $CH_3(CH_2)_3CH(C_2H_5)-CH_2O^{\bullet}$ с толуолом составляет, по нашим расчетам, −87,24 *кДж/моль* (−20,51 *ккал/моль*).

В составе ДТ содержатся полиароматические УВ. Поэтому нами были проведены расчеты взаимодействия 2-ЭГН с α-метилнафталином. Схема реакции в трехмерном изображении приведена на рисунке 12.

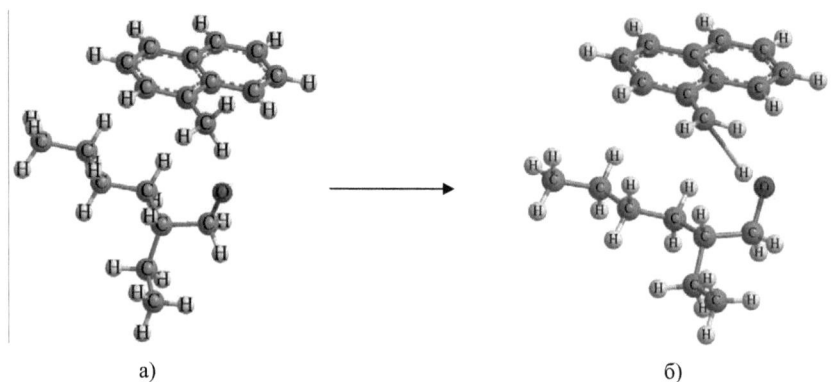

а)   б)

Рисунок 12 – Трехмерная модель реагирующей системы 2-ЭГН + α-метилнафталин (расчет методом PM6, пакет MOPAC2007): а) исходные реагенты; б) продукты реакции

По данным расчета, взаимодействие радикала $CH_3(CH_2)_3CH(C_2H_5)\text{-}CH_2O^\bullet$ с α-метилнафталином приводит к образованию 2-этилгексилового спирта, за счет отщепления атома водорода от метильной группы α-метилнафталина. При этом молекула α-метилнафталина превращается в стабильный радикал $C_{10}H_7CH_2^\bullet$. Тепловой эффект реакции составляет −23,99 *ккал/моль* (-100,37 *кДж/моль*).

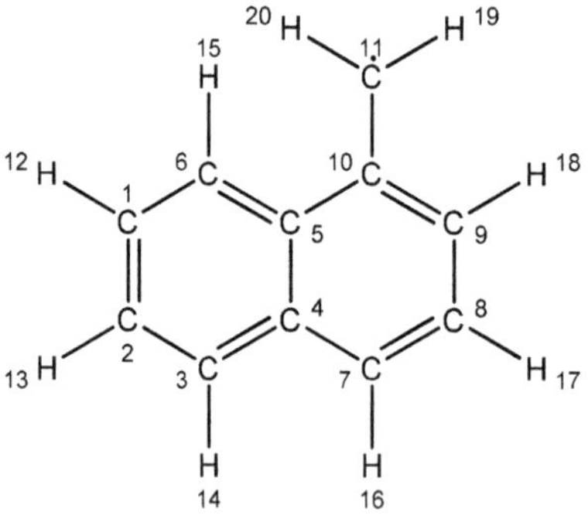

Рисунок 13 – Структура α-нафтилметильного радикала

Расчет распределения плотности спина в α-нафтилметильном радикале показал, что свободный электрон в нем делокализован в большей степени, чем в бензильном радикале, т.е. α-нафтилметильный радикал более стабилен, чем бензильный. Структура α-нафтилметильного радикала приведена на рисунке 13, распределение плотности спина неспаренного электрона – в таблице 9.

Таблица 9 – Распределение плотности спина в α-нафтилметильном радикале (расчет методом PM6, пакет MOPAC2007)

Атом	Плотность спина	Атом	Плотность спина	Атом	Плотность спина
C(1)	0,3914	C(8)	-0,4509	H(15)	0,0138
C(2)	-0,3708	C(9)	0,5901	H(16)	-0,0196
C(3)	0,4061	C(10)	-0,4578	H(17)	0,0157
C(4)	-0,3927	C(11)	0,7560	H(18)	-0,0202
C(5)	0,4247	H(12)	-0,0135	H(19)	-0,0252
C(6)	-0,3933	H(13)	0,0128	H(20)	-0,0253
C(7)	0,5729	H(14)	-0,0141		

Из данных таблицы 9 видно, что наиболее высокая спиновая плотность неспаренного электрона, равная 0,7560, наблюдается у атома метиленовой группы C(11). Неспаренный электрон делокализован в сопряженной π-системе нафталинового ядра, плотность спина на атомах углерода C(1), C(3), C(5), C(7) и C(9) составляет, соответственно: 0,3914; 0,4061; 0,4247; 0,5729 и 0,5901.

Плотность спина неспаренного электрона на атоме углерода метиленовой группы в α-нафтилметильном радикале ниже, чем в бензильном, что говорит о его меньшей реакционной способности по сравнению с бензильным радикалом.

3. На одной из стадий взаимодействия 2-ЭГН с УВ ДТ может происходить взаимодействие радикала $NO_2^{\bullet}$ с н-алканами. Для сравнения результатов взаимодействия радикала $NO_2^{\bullet}$ с АрУВ и н-алканами были проведены расчеты взаимодействия этого радикала с додеканом $C_{12}H_{26}$. Трехмерные модели реагирующих веществ до и после реакции приведены на рисунке 14.

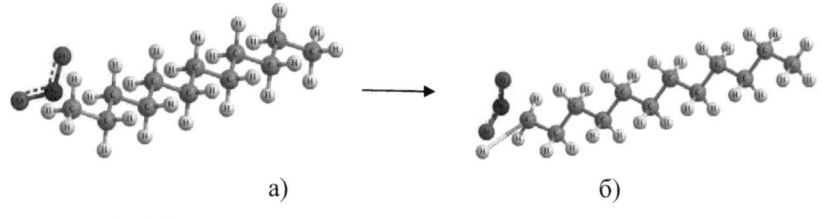

$$a) \qquad\qquad\qquad\qquad б)$$

$$H_3C\text{-}(CH_2)_{10}\text{-}CH_3 + NO_2 \cdot \longrightarrow H_3C\text{-}(CH_2)_{10}\text{-}CH_2 \cdot + HONO$$

Рисунок 14 – Трехмерная модель молекулы $C_{12}H_{26}$ и радикала $NO_2^\bullet$:
а) исходная система; б) продукты взаимодействия. (Ниже приведена схема реакции)

При взаимодействии радикала $NO_2^\bullet$ с *н*-алканами УВ происходит возбуждение и разрыв связи С-Н концевой группы CH_3 *н*-алкана с образованием алкильного радикала $R\text{-}CH_2^\bullet$ и молекулы HONO. Рассчитанный тепловой эффект реакции составляет -16,87 *ккал/моль* (-70,57 *кДж/моль*).

По данным расчета плотность спина неспаренного электрона на концевом атоме углерода в радикале $C_{12}H_{25}\cdot$ составила 1,057, что говорит о локализации неспаренного электрона на этом атоме (рисунок 14). Высокая спиновая плотность неспаренного электрона на концевом атоме углерода объясняет высокую реакционную способность алкильного радикала ($C_{12}H_{25}\cdot$) [38].

4. Проведены расчеты возможных реакций взаимодействия радикала $NO_2^\bullet$ с радикалами ароматических УВ. Схемы реакций взаимодействия $NO_2^\bullet$ с бензильным и α-нафтилметильным радикалами приведены на рисунках 15 и 16, соответственно.

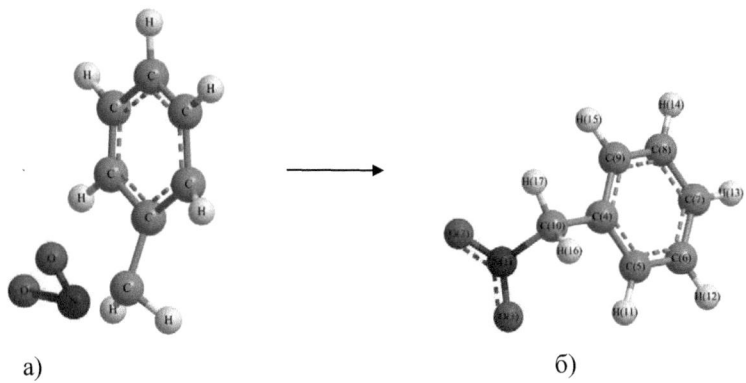

а)   б)

Рисунок 15 – Трехмерная модель исходных реагентов $NO_2^{•}$ и бензильного радикала (а) и продукта реакции $C_6H_5CH_2NO_2$ (б)

Рекомбинация радикалов $NO_2^{•}$ и $C_6H_5CH_2^{•}$, согласно проведенным расчетам, приводит к образованию $C_6H_5CH_2NO_2$ с тепловым эффектом $-19{,}20$ *ккал/моль* (-80,33 *кДж/моль*).

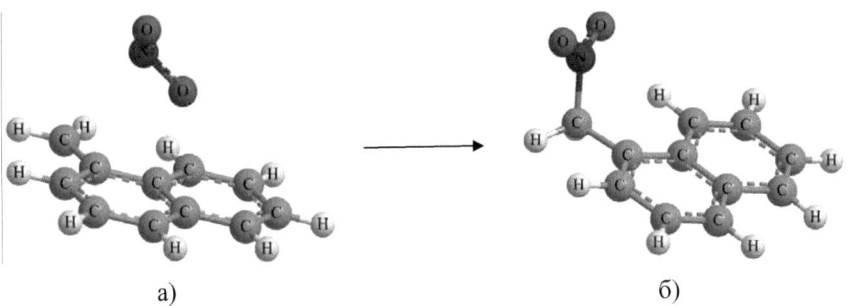

а)   б)

Рисунок 16 – Трехмерная модель реагентов $NO_2^{•}$ и α-нафтилметильного радикала (а) и продукта их взаимодействия – $C_{11}H_9NO_2$ (б)

Рекомбинация радикалов $NO_2^{•}$ и $C_8H_9CH_2^{•}$, согласно проведенным расчетам, приводит к образованию $C_8H_9CH_2NO_2$ с тепловым эффектом $-16{,}03$ *ккал/моль* (-67,07 *кДж/моль*).

На основе проведенных квантово-химических расчетов взаимодействия молекул 2-ЭГН с молекулами *н*-алкилов и АрУВ установлено:

1. При возбуждении молекул 2-ЭГН происходит их распад с образованием радикалов $NO_2^\cdot$ и $RO^\cdot$ (R – алкил), инициирующих воспламенения ТВС за счет образования алкильных и арильных радикалов при взаимодействии с молекулами соответствующих УВ.

2. Степень делокализации неспаренного электрона в арильных радикалах в $1,3 \div 1,4$ раза превышает степень делокализации неспаренного электрона в *н*-алкильных радикалах, что говорит о большей стабильности арильных радикалов. Следовательно, присутствие АрУВ менее благоприятно для инициирования и спокойного горения ТВС.

3. Установленные закономерности объясняют известную из практики более высокую эффективность присадок на основе алкилнитратов в топливах с более высоким цетановым числом (то есть, содержащих меньше ароматических углеводородов).

4 КВАНТОВОХИМИЧЕСКИЙ РАСЧЕТ СТАБИЛЬНОСТИ ПРИСАДОК К ДИЗЕЛЬНЫМ ТОПЛИВАМ

Качества дизельных топлив (ДТ), используемых в районах Крайнего Севера, традиционно улучшают с помощью пакетов присадок. Гришиной И.Н. создана композиционная присадка многофункционального действия под зарегистрированной торговой маркой «Европрис»™, выпускаемая по лицензии (ТУ 0257-001-14226765–2012) [40].

Компонентами композиционной присадки являются органические соединения с функциональными группами разной полярности, т.е. имеющими различные дипольные моменты:

- 2-этилгексилнитрат (2-ЭГН) – цетаноповышающая присадка;

- АМА-АН – депрессорная присадка, сополимер алкилакрилата $CH_2=CHCOOR$ (где R – алкильный радикал, содержащий не менее 16 атомов углерода) и акрилонитрила (АН);

- алкиламин (R=C_{10}–C_{19}) итаконовой кислоты (диспергатор А);

- СМ-1 – противоизносная присадка, 50%-ный концентрат высших алкиламидов (R=C_{10}–C_{20}) ненасыщенных жирных кислот в углеводородном растворителе;

- алкилсульфонат кальция (АС, R=C_5–C_{12}) – антидымная присадка;

Свойства компонентов композиционной присадки с учетом их химического состава и строения были рассчитаны полуэмпирическим квантовохимическим методом РМ6 (таблица 10).

Таблица 10 – Дипольные моменты и энергии возбуждения индивидуальных присадок

Компоненты	Дипольный момент, $Д$	Энергия возбуждения в низшее триплетное состояние E^*, кДж/моль
ЭГН	3,72	135,1
А	5,86	150,2
АМА-АН	2,19	213,8
АС	5,65	297,1
СМ-1	4,56	260,2

При воспламенении ДТ могут протекать процессы возбуждения молекул присадок в триплетное состояние и их распада на радикалы. Расчеты показали, что возбуждение ЭГН в триплетное состояние происходит с разрывом связи O–NO_2 и образованием радикалов [4]:

$$C_8H_{17}O-NO_2 \rightarrow C_8H_{17}O^{\bullet} + NO_2^{\bullet}.$$

При возбуждении молекулы диспергатора А (моделью которой служил дециламин итаконовой кислоты):

длина двойной связи $C=CH_2$ увеличивается от 1,333 до 1,431 Å, двойная связь раскрывается, о чем свидетельствует плотность спина неспаренных электронов, которые сосредоточены на атомах углерода (0,813 и 0,909).

При возбуждении в триплетное состояние депрессора (сополимера АМА-АН), по данным расчета для элементарного звена полимера, возможен распад на радикалы по уравнению:

В молекулах присадки СМ-1 при возбуждении происходит удлинение связи N–CO от 1,399 до 1,551 Å (в качестве модели молекулы выбран N-дециламид олеиновой кислоты):

H_3C

$(H_2C)_7$—CH

CH

$(H_2C)_7$

C=O

$(H_2C)_9$—NH

H_3C

Алкилсульфонат кальция (присадка АС, $R=C_5$-C_{12}) при возбуждении в триплетное состояние претерпевает изменение длины одной из связей O–S и одной из связей S=O у одного и того же атома серы:

R—S—O—Ca—O—S—R

При возбуждении длина связи O–S увеличивается от 1,519 до 1,719 Å, а длина связи S=O— от 1,548 до 1,672 Å.

Как следует из таблицы 10, энергия возбуждения компонентов композиционной присадки в низшее триплетное состояние возрастает в ряду $E^*_{\text{ЭГН}} < E^*_{\text{А}} < E^*_{\text{АМА-АН}} < E^*_{\text{СМ-1}} < E^*_{\text{АС}}$, что свидетельствует об увеличении стабильности присадок в этом ряду.

Исходя из полученных данных о дипольных моментах (таблица 10), компоненты композиционной присадки можно расположить в следующий ряд по возрастанию полярности: АМА-АН<ЭГН<СМ-1<АС<А. Высокие дипольные моменты компонентов свидетельствуют о значительной асимметрии распределения положительных и отрицательных зарядов в молекулах этих соединений, что связано со структурой полярных групп, входящих в их состав. Кроме того, следует отметить дифильное строение молекул присадок, так как кроме полярной группы в них присутствует неполярный углеводородный радикал с большим числом атомов углерода. Следовательно, эти присадки являются поверхностно-активными веществами.

При температурах 25–35°C присадки, введенные в ДТ, могут находиться в топливе в виде ассоциатов или смешанных мицелл различного строения. Ассоциация возможна за счет межмолекулярных взаимодействий полярных групп молекул присадок с образованием, так называемых, обратных мицелл (полярные группы обращены внутрь мицеллы, а углеводородные радикалы – наружу) [41].

Модель ассоциата, полученная минимизацией энергии комплекса из молекул присадок А, АС и СМ-1 полуэмпирическим квантовохимическим методом РМ6, показана на рисунке 17. Из модели следует, что молекулы компонентов присадки «Европрис» обладают способностью к образованию мицеллоподобных смешанных ассоциатов, в которых полярные группы компонентов присадки обращены внутрь ассоциатов, а углеводородные радикалы – в растворитель (ДТ).

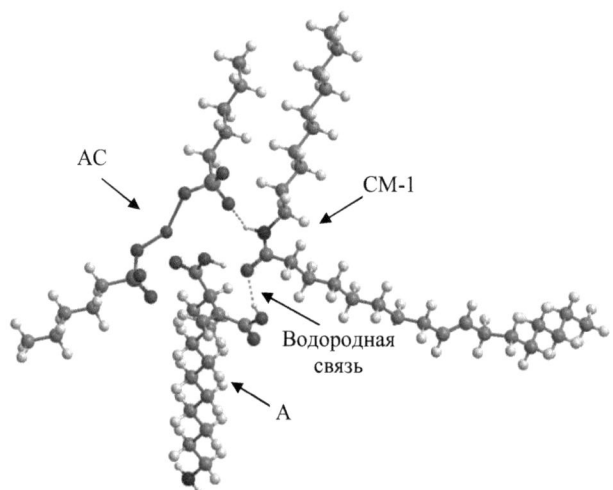

Рисунок 17 – Модель ассоциата присадок А, АС и СМ-1:

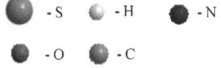

Ассоциация присадок диспергатора А, антидымной АС и противоизносной СМ-1 (рисунок 17) возможна не только за счет ван-дер-ваальсовых межмолекулярных сил, но и благодаря водородным связям, образуемым ОН-группами диспергатора А и NH-группами противоизносной присадки (водородные связи показаны на рисунке 17 пунктиром). Ассоциат присадок может также включать молекулы депрессора АМА-АН, которые не показаны на рисунке 17.

Образование мицеллоподобных смешанных ассоциатов присадок происходит, вероятно, в 5-50%-х концентратах композиционной присадки, разработанной в патенте [40]. Как показали квантовохимические расчеты, ассоциация компонентов присадки сопровождается выделением тепла. Тепловой эффект ассоциации компонентов, приведенных на рисунке 17, рассчитанный по закону Гесса на основании данных таблицы 1 при $T=298K$ составляет -148,56 *кДж/моль* (-35,51 *ккал/моль*).

Таблица 11 – Энтальпии образования компонентов композиционной присадки и их ассоциата (рисунок 17).

Соединение	$\Delta_f H^{\circ}_{298}$, *кДж/моль* MOPAC2007, PM6	$\Delta_f H^{\circ}_{298}$, *ккал/моль* MOPAC2007, PM6
Диспергатор А	-832,06	-198,87
Противоизносная присадка СМ-1	-697,15	-166,62
Антидымная присадка АС	-1520,31	-363,36
Ассоциат присадок	-3198,08	-764,36

Полученный результат говорит о том, что для эффективной работы композиционной присадки ее введение в ДТ необходимо осуществлять при повышенных температурах и тщательном перемешивании для разрушения ассоциатов и равномерного распределения индивидуальных присадок в топливе.

В заключение данного раздела можно сделать следующие выводы.

1. Квантовохимическими расчетами показано, что компоненты рассмотренной в этом разделе композиционной присадки к ДТ характеризуются разной стабильностью к возбуждению в низшее триплетное состояние: наиболее стабильными являются противоизносная и антидымная присадки, наименее стабильна цетаноповышающая присадка 2-ЭГН.

2. Компоненты композиционной присадки к ДТ в силу дифильного строения молекул склонны к ассоциации, причем, как показали квантовохимические расчеты, ассоциация сопровождается выделением тепла. Поэтому для эффективной работы композиционной присадки в топливе ее необходимо вводить в топливо при повышенной температуре и хорошем перемешивании для разрушения ассоциатов и равномерного распределения компонентов в ДТ.

ЛИТЕРАТУРА

1. Любименко В.А. Компьютерное моделирование структуры и свойств межмолекулярных комплексов в дизельных топливах в присутствии депрессорно-диспергирующих присадок. *Труды РГУ нефти и газа им. И.М. Губкина,*, 2014. - №2. – С. 43-51.

2. Любименко В.А. Взаимодействие депрессорных присадок с парафиновыми углеводородами в дизельных топливах. *Труды РГУ нефти и газа им. И.М. Губкина,*, 2014. - №3. – С. 88-95.

3. Любименко В.А., Гришина И.Н., Колесников И.М., Колесников С.И. Оптимизация условий производства композиционной присадки // *Химия и технология топлив и масел*, 2013. - №5. – С.15-18.

4. Любименко В.А., Данилов А.М., Колесников С.И., Колесников И.М. / Математическая модель для расчета прироста цетанового числа дизельных топлив в присутствии инициатора воспламенения// *Химия и технология топлив и масел*, 2010. – №5. – С. 11-17.

5. Интернет-ресурс
   http://www.creonenergy.ru/consulting/detailConf.php?ID=109871

6. Данилов А. М. *Присадки к топливам. Разработка и применение в 1996-2000 г.г.* // *Химия и технология топлив и масел*, 2001. - №6. - С. 43-50.

7. Митусова Т. Н., Полина Е. В., Калинина М. В. *Современные дизельные топлива и присадки к ним.* - М.: Техника, ООО «Тума Груп», 2002. – 64 с.

8. Данилов А. М. *Применение присадок в топливах* / А. М. Данилов.– М.: Мир, 2005. -288 с.

9. Данилов А.М. Классификация присадок и добавок к топливам // *Нефтепереработка и нефтехимия.* – 1997. - №6. – С. 11-14.

10. Башкатова С.Т. *Присадки к дизельным топливам.* – М.: Химия, 1994. – 256 с.

11. Данилов А.М. Разработка и применение присадок к топливам

в 2006–2010 гг. //*Химия и технология топлив и масел*, 2011. - №6. – С. 41-51.

12. Данилов А. М. *Современное состояние производства и применения присадок при выработке дизельных топлив ЕВРО-3, 4, 5*. Доклад на совместном заседании ученого совета ВНИИ НП и Комитета по топливам и маслам АНН РФ. – М.: Издательство «Спутник+», 2009. – 27 с.

13. Данилов А. М. О совместимости присадок к топливам // *Химия и технология топлив и масел*, 1998. - №5. – С. 14-15.

14. Гришина И. Н.. *Физико-химические основы и закономерности синтеза, производства и применения присадок, улучшающих качество дизельных топлив*. – М.: Изд-во «Нефть и газ», РГУ нефти и газа им. И.М. Губкина, 2007. – 230 с.

15. Гришина И. Н., Любименко В. А., Колесников И. М., Винокуров В. А.. Механизм действия депрессорно-диспергирующих присадок к дизельным топливам. *Материалы VI международной научно-технической конференции «Глубокая переработка нефтяных дисперсных систем»*. – М.: 2011. – С. 118-120.

16. Гришина И. Н., Любименко В. А., Колесников И. М., Винокуров В. А. Выявление механизма действия депрессорно-диспергирующих присадок к дизельным топливам. *Тез. докл. IX Всероссийской научно-технич. конф. «Актуальные проблемы развития нефтегазового комплекса России»*. (30 января – 1 февраля 2012 г.). Ч. 1. Секции 1-4. – М.: 2012. – С. 241.

17. Данилов А. М. *Применение присадок в топливах для автомобилей*. Справ. изд. – М.: Химия, 2000. – 232 с.

18. Борщ В. Н., Колесников И. М., Гришина И. Н., Любименко В. А. Квантовохимическое исследование комплексообразования сукцинимида с углеводородами // *Труды РГУ нефти и газа им. И.М. Губкина*, 2009. -.№ 2. – С. 112-119.

19. Борщ В. Н., Любименко В. А., Кильянов М. Ю., Колесников И. М., Винокуров В.А. Квантовохимическое исследование комплексообразования малеинимида с молекулами бензола и воды // *Химическая физика*, 2011. – Т. 30, №8. - С. 11-21.

20. ГОСТ 5066-91.Топлива моторные. Методы определения температуры помутнения, начала кристаллизации и кристаллизации.

21. ГОСТ 20287-91. Нефтепродукты. Методы определения температур текучести и застывания.

22. ГОСТ 22254-92. Топливо дизельное. Метод определения предельной температуры фильтруемости на холодном фильтре.

23. Махмотов Е.С. Депрессорные присадки к нефти // Вестник КазНТУ, 2010. – Т. 80, №4. – С. 619-637. http://vestnik.kazntu.kz/files/newspapers/28/619/619.pdf

24. Кондрашева Н.К., Кондрашев Д.О., Валид Насиф, Хасан Аль-Резк С.Д., Попова С.В. Низкотемпературные свойства смесевых дизельных топлив с депрессорными присадками // Электронный журнал «Нефтегазовое дело», 2007. – №1. www.ogbus.ru/authors/Kondrasheva/Kondrasheva_1.pdf

25. Patent US 4240916. Pour Point Depressant Additive for Fuels and Lubricants, 1980.

26. Patent US 7354462 B2. Systems and Methods of Improving Diezel Fuel Performance in Cold Climates. 2008.

27. Тертерян Р.А. Депрессорные присадки к нефтям, топливам и маслам. -М.: Химия, 1990. – 238 с.

28. Patent US № 6172015. Copolymer derived from olefinic monomer and alpha, beta-unsaturated carbonyl compound as polar monomer, 1999.

29. MOPAC 2009, James J. P. Stewart, Stewart Computational Chemistry, Version 9.03CS web: http://OpenMOPAC.net

30. Сталл Д., Вестрам Э., Зинке Г. Химическая термодинамика органических соединений. – М.: Мир, 1971. – 806 с.

31. Хобза П., Заградник Р. Межмолекулярные комплексы: роль вандерваальсовых систем в физической химии и биодисциплинах. – М.: Мир, 1989. – 376 с.

32. Любименко В.А., Данилов А.М., Колесников С.И., Колесников И.М. / Математическая модель для расчета прироста цетанового числа дизельных топлив в присутствии инициатора воспламенения // *Химия и технология топлив и масел*, 2010. - №5.- С. 11-17.

33. Данилов А.М. Присадки и добавки. Улучшение экологических характеристик топлив. – М.: Химия, 1996. – 232 с.

34. Амер Марван Аммар. Физико-химические свойства дизельных топлив в условиях подземного хранения. – М.: Изд-во «Нефть и газ», РГУ нефти и газа им. И.М. Губкина, 2008. – 237 с.

35. Clothier P. Q. E., Aguda B. D., Moise A., Pritchard H. O. / How do diesel-fuel ignition improvers work? // *Chem. Soc. Reviews*, 1993. – V. 22. P. 101–108.

36. Dearman H.H. 1. Studies of the spin distribution in aromatic radicals. 2. Electron Resonance Studies of Some Sandwich Compounds. In Partial Fulfilment of the Requirements for the Degree of Doctor of Philosophy. California Institute of Technology Pasadena. – California: 1960. – 169 p.

37. Amano T., Osamura Y., Kat E., Nishimoto K. / MO Calculation of Some Aromatic Radicals. Geometry and Spin Density of Benzyl Radical // *Bull. Chem. Soc. Jpn.*, 1980. – V.53. – P. 2163-2166.

38. Абронин И.А., Жидомиров Г.М. /Квантово-химический расчет распределения плотности спина в алифатической цепи //*Теоретическая и экспериментальная химия*, 1972. - Т. 8, №. 5. - С. 589-597.

39. Гришина И.Н., Любименко В.А., Колесников И.М., Башкатова С.Т., Колесников С.И./ Оптимизация условий производства композиционной присадки //*Химия и технология топлив и масел*, 2013. - №5. – С.15-18.

40. Патент RU 2378323.

41. Ланге К.Р. Поверхностно-активные вещества. Синтез, свойства, анализ, применение. – СПб: Профессия, 2005. – 240 с.